Erhard Nerger
Tobias Böckermann

Natur im Emsland

Moore · Wasser · Wälder

Tecklenborg Verlag

Inhalt

7 | Vorwort

8 | Einleitung – Wie das Emsland wurde, was es ist

14 | Wieder da – der Wald

38 | Bizarre Baumgestalten – die Hudewälder

62 | Wasser im Sandland – an Ems und Hase

80 | Letzte Wildnis – die Moore

106 | Ein Rest Purpurland – die Heide

118 | Auf Feld und Weide – die Agrarlandschaft

133 | Weiterlesen oder einfach Anhang

Vorwort

Die Natur ist ein wertvolles Kapital des Emslandes. Nicht nur die „weiße Industrie“, der Tourismus, der eine immer größere Bedeutung einnimmt, weiß dieses Kapital zu schätzen, sondern auch die Emsländer selbst haben die gewachsenen Kulturlandschaften ihrer Heimat ins Herz geschlossen. 15.000 Hektar Naturschutzgebiete, dazu 25.000 Hektar Landschaftsschutzgebiete sowie Biotope, Wiesen und Moorlandschaften machen das reizvolle Landschaftsbild aus. Sie werden vom Landkreis Emsland im Wissen um ihre große Bedeutung für den Landstrich und seine Besonderheiten gepflegt: 1979, zwei Jahre nach Gründung des Landkreises Emsland, beschloss der Kreistag, das Emstal von Papenburg bis Salzbergen unter Landschaftsschutz zu stellen. Die bedeutende Anzahl und Fläche der als Naturschutzgebiete ausgewiesenen noch vorhandenen Moore wie die Tinner Dose, das Hahnenmoor bei Herzlake, die Esterweger Dose und das Legmoor bei Surwold ist beispielhaft. Das Hasetal als ein wichtiger Bestandteil der emsländischen Natur wird durch das „Erprobungs- und Entwicklungsvorhaben Hasetal“ von Bund, Land und Landkreis in seiner Einzigartigkeit und Vielfalt geschützt. Und um im Naturschutz noch zielgerichteter arbeiten zu können, gründete der Landkreis 2005 eigens eine Naturschutzstiftung, die zukunftsweisende Umweltprojekte, Umwelttechniken und die Umweltbildung im Landkreis Emsland fördert und initiiert. All dies macht deutlich: Lebte das Emsland früher durch den Torfabbau von seiner Landschaft, so führte in den vergangenen Jahren der vermehrte Einsatz des Landkreises Emsland im Naturschutz dazu, dass wir heute das Potenzial der „Moore, Wasser, Wälder“ auf andere Weise, nämlich als (Nah-)Erholungsgebiet, ausschöpfen können. Einen trefflichen Eindruck von der emsländischen Landschaft, ihrem Wandel und ihrem heutigen Reiz, bietet dieser Bildband mit Erklärungen. Er nimmt uns mit auf die Reise, öffnet uns den Blick für die Schönheiten, präsentiert so manche versteckte Perle und lässt uns verstehen, was wir sehen.

Ich wünsche viel Spaß
beim Lesen und Schauen.

H. Bröring

Hermann Bröring, Landrat

Wie das Emsland wurde, was es ist

Ein Baum wie ein Wald: Die Winterlinde in Heede ist zwar wohl nicht ganz 1.000 Jahre alt, wie ihr nachgesagt wird – aber sie gilt als der dickste Baum Deutschlands.

„Einst war das Emsland so arm, dass selbst die Kaninchen in die Knie gingen, um zu fressen." Dieses geflügelte Wort beschreibt, was bis vor gut 60 Jahren den heute zweitgrößten Landkreis der Bundesrepublik prägte: Ein karges Leben zwischen Moor und Heide, am Wasser und sprichwörtlich auf Sand. Wer das moderne Emsland nicht selbst gesehen hat, könnte denken, es sei noch immer so.

Aber die Idylle von einst war gar keine, und die Landschaft hat sich verändert, weil die Menschen, die hier lebten, ein Auskommen finden mussten. Heute wissen wir: Manchmal haben sie des Guten zu viel getan, Flüsse zu sehr begradigt, zu viel Moor entwässert, zu wenig Heide übrig gelassen. Dennoch gibt es mehr als einen guten Grund, ein Buch über die Natur des Emslandes zu verfassen: Moore, Wasser und Wälder, dazu Heiden und Wiesen sind bis heute prägende und erlebbare Elemente dieses 2.881 Quadratkilometer großen Landkreises im Nordwesten Deutschlands geblieben.

Mancherorts wurde auf dem Weg in den heutigen Wohlstand Ursprüngliches bewahrt, wie in der Tinner Dose, dem größten noch weitgehend intakten Hochmoor Westeuropas. Überhaupt sind die Moore etwas ganz Besonderes im Emsland. Auf riesigen Flächen werden sie inzwischen wiedervernässt. 2007 ist der Kranich als Brutvogel in eines dieser neuen alten Moore zurückgekehrt. Ganz im Norden haben zudem die letzten mitteleuropäischen Paare des Südlichen Goldregenpfeifers überlebt.

An anderer Stelle blieben im Emsland vermeintliche Urlandschaften erhalten – zum Beispiel das Borkener Paradies, eine europaweit bedeutsame Hudelandschaft mit bis zu 500 Jahre alten Eichen. Oder der Haselünner Wacholderhain, einer der größten seiner Art in Europa. In beiden Naturschutzgebieten hat der Mensch mit seinem Vieh die Natur gestaltet und damit Kulturlandschaften erschaffen, die uns heute – fälschlicherweise – als Inbegriff „wilder Natur" erscheinen. Fest verwurzelt steht auch der dickste Baum Deutschlands, die sogenannte „1.000-jährige Linde" in Heede. Ihr Stamm umfasst mehr als 16 Meter.

An Ems und Hase schließlich, den beiden größten Flüssen in der an Wasser reichen Region, hat der Mensch in den vergangenen Jahren der Natur mancherorts wieder zu altem Recht verholfen und den Flussläufen einen Teil ihres einstigen Raumes zurückgegeben. Hier findet der Biber ein fürstliches Auskommen, versucht der Europäi-

sche Nerz, das seltenste Säugetier Europas, wieder Fuß zu fassen und hat die Abgeplattete Teichmuschel, ein Kleinod aus Perlmutt, bis heute überlebt.

Auf dem Hümmling finden sich Reste einst riesiger Heiden, hier leben Niedrige Schwarzwurzel, Englischer Ginster und der Ziegenmelker. Die noch erhaltenen Wiesenlandschaften an der Radde beherbergen einen der größten norddeutschen Bestände des Großen Brachvogels, im Borkener Paradies blüht der seltene Ährige Ehrenpreis.

Ein Blick zurück: Die Geschichte einer Landschaft

Wer verstehen will, wie das, was wir heute als die Natur des Emslandes empfinden, zustande kam, der muss weit zurückblicken. Schon vor mehr als 230.000 Jahren hatte die Saale-Eiszeit gigantische Gletscher über das Emsland geschoben und es flach geschmirgelt. Nur der Hümmling, ein Geestrücken mit seinen sanften Hügeln, ragt heute noch mit bis zu 73 Metern Höhe bescheiden empor.

Eine letzte – die Weichsel-Eiszeit – bestimmte von etwa 18000 bis 9000 vor Christus das Klima. Damals bedeckte zwar kein Eis, dafür aber eine dauerfrostige Tundrenlandschaft das Emsland. Der Wind wurde zum bestimmenden Element, wehte im Sommer den aufgetauten Boden nach Belieben durchs Land und trug bis zu zwei Meter dicke Sandschichten auf. Der Sand ist vielerorts geblieben, nicht aber die Tiere der alten Kaltzeit. So sind damals Mammut und Wollnashorn ebenso wie Moschusochse oder Höhlenbär durchs Emsland gezogen. Mit der vor 10.000 Jahren einsetzenden Erwärmung veränderte sich das Landschaftsbild dramatisch. Es entstanden große Wälder, die möglicherweise in Teilgebieten von den großen Grasfressern aufgelockert wurden. Gleichzeitig setzte vor 8.000 Jahren die Bildung der Moore ein, deren größtes, das Bourtanger Moor, in Deutschland und den benachbarten Niederlanden mehr als 120 Quadratkilometer umfasste. Damit war allein dieses Moor größer als das heutige Berlin.

Als der Mensch dann vor 5.000 Jahren sesshaft wurde, begann er erstmals damit, seinen

Lebensraum nach eigenen Bedürfnissen umzugestalten. Vom siebten Jahrhundert an rodete er in mehreren Wellen die Laubwälder und legte Siedlungen und Äcker an. Viele Großtiere starben aus, und dennoch überdauerten Elch, Wisent oder Auerochse in der Region bis ins Mittelalter. 1744 fand die letzte Wolfsjagd auf dem Hümmling statt. Auch Braunbär und Luchs dürften lange Zeit noch im Emsland gelebt haben. Zur Mitte des 19. Jahrhunderts drängte der Mensch den Wald dann so massiv zurück, dass im Emsland keine größeren Wälder erhalten blieben. Ihre ehemaligen Standorte wurden so stark genutzt, dass statt ihrer riesige Sandheiden entstanden.

Mit der Kultivierung der Heiden und Moore bis zur ersten Hälfte des 20. Jahrhunderts setzte ein kurzer Siegeszug der Wiesenvögel ein – sie profitierten vom stark erhöhten Grünlandanteil und besiedelten die Weiden anstelle ihrer eigentlichen Lebensräume. Ursprünglich stammten Brachvogel, Bekassine und Co. vor allem aus Hoch- und Niedermooren, den natürlichen Salzwiesen der Küsten oder der Tundra. Heute sind auch die Wiesen wieder vielerorts verschwunden und in Äcker – die für die Natur am wenigsten attraktive Form der Landnutzung – umgewandelt worden.

Beständig ist also nur der Wandel, und das Emsland stellt heute wie fast alle anderen Gegenden Mitteleuropas eine vom Menschen geprägte Kulturlandschaft dar. Dennoch hat es seinen Reiz: 2007 verzeichneten Hotels, Ferienwohnungen, Campingplätze und das Ferienzentrum Schloss Dankern insgesamt rund 2,8 Millionen Übernachtungen. Befragungen haben ergeben: Mehrheitlich ist es die Natur, die die Menschen ins Emsland lockt.

Wer also nur auf Schnellstraßen durch die heute wirtschaftlich hochmoderne und inzwischen vergleichsweise wohlhabende Region eilt, dem entgeht eine Landschaft, die ihren Reiz zwar nicht aus Bilderbuchpanoramen hoher Gipfel schöpft. Auch lockt kein Meer mit rauschender Brandung, gibt es keinen mit altem Wald bestandenen Nationalpark, finden sich keine Kreidefelsen wie auf Rügen. Aber das Emsland bietet Weite und Stille, lockt Radfahrer und Wasserwanderer ebenso an wie Naturfreunde, die sich auf die Suche nach den zahlreichen Kleinodien in dieser Kulturlandschaft machen. Mehr als 11.000 Hektar stehen inzwischen unter Naturschutz. Die Fotos in diesem Bildband geben davon eindrucksvoll Zeugnis.

Wo Wasser regiert: Fruchtendes Wollgras an einem Moorkolk im Naturpark Moor.

Morgenstimmung im Buchenwald nach einem Spätsommerregen.

Wieder da – der Wald

Vorhergehende Doppelseite: Nebel in einem Eichenwald an der Ems bei Holthausen.

Könige der Nacht können erstaunlich kleine Gesellen sein. Der Rauhfußkauz ist so ein Überraschungskünstler. Mit höchstens 200 Gramm gehört er zu den leichtgewichtigen Vertretern der Eulenfamilie. Aber seine Stimme macht das alles wett: Wo ein Rauhfußkauzmann um ein Weibchen buhlt, bekommt das auch jeder Mensch mit.

Der kleine Vogel fällt im Emsland auf, gerade weil er noch sehr selten ist und so auffällig tönt. Aber er steht symbolisch für die Entwicklung des Waldes im Emsland: Sie reicht vom bestimmenden Landschaftsbestandteil bis ins Mittelalter über seine Zerstörung im 19. Jahrhundert bis zu den großen Nadelholzforsten der heutigen Zeit.

Der moderne Wald ist für viele Deutsche der Inbegriff von unberührter Natur – aus Unwissenheit. Denn kaum eine mit Bäumen bestandene Parzelle ist nicht vom Menschen geprägt, geordnet und sein hölzernes Inventar nach Nutzwert sortiert worden. Es gibt also eigentlich keinen Grund, den modernen Wald als Sehnsuchtslandschaft allzu sehr zu überhöhen. Und dennoch zieht er die Menschen in seinen Bann – still, beschützend, frei von Hektik.

Die alten Wälder

Auch das Emsland wäre Urwald-Land, gäbe es den Menschen nicht. Bis ins 18. Jahrhundert besiedelten große Birken-Eichenwälder den trockenen und sauren Sandboden. In den oberen Etagen gaben die Spechte den Ton an, weiter unten die Eicheln sammelnden Wildschweine. Rothirsche buhlten um ihren Harem, und die Könige des Waldes, die Wisente, scheuerten ihr braunes Fell an alten Eichen. Im 18. Jahrhundert war der Wildreichtum des Hümmlings so sagenhaft, dass Kurfürst Clemens August I. von Bayern sein spätbarockes Jagdschloss Clemenswerth in Sögel errichten ließ. Regelmäßig ertönten von nun an die Jagdhörner, und der sehr weltliche Kirchenmann ging auf die Pirsch. Diese ursprünglichen Wälder sind heute verschwunden, was vor allem an einer Zeit gnadenloser Ausbeutung liegt. Waren im Mittelalter zunächst nur kleinere Parzellen in Äcker oder Siedlungsraum umgewandelt worden, folgte im 18. Jahrhundert vielerorts eine Zeit der regelrechten Waldverwüstung. Einschlag, Brandrodung und dann die allgegenwärtige Schafweidung verwandelten Wald unter anderem in Heide und drängten ihn in letzte Nischen zurück. Im Jahr 1780 waren im damaligen Amt Meppen, das rund ein Drittel der heutigen Landkreisfläche ausmachte, noch 1,4 Prozent mit Wald bedeckt.

Ursprünglichen Wald sucht man also heute im Emsland weitestgehend vergebens, was aber nicht bedeutet, dass der vorhandene nicht reizvoll wäre. Auf immerhin guten 16 Prozent der Landkreisfläche wiegen sich wieder Waldbäume im Westwind, und hier kommt wieder der Rauhfußkauz ins Spiel. Denn die kleine Eule vergrößert seit ein paar Jahren ihr Verbreitungsgebiet, flattert von Nord nach Süd, von den Bergen ins Flachland. Sie profitiert von den inzwischen groß gewordenen neuen Nadelwäldern des Emslandes, und die liebeshungrigen Männchen lassen mancherorts nun ihr stakkatohaftes eintönig geflötetes „u-uu-u" erklingen.

Auf den wenigen besseren und feuchteren Böden breitete sich einst der Eichen-Hainbuchen-Wald aus. Er war schon früh bevorzugter Siedlungsplatz und ist im Emsland lange als Viehwei-

Lichtspiel im Buchenwald: Die ersten Sonnenstrahlen des Tages schaffen es im Frühjahr noch bis zum Waldboden.

de, sogenannte Hutung, genutzt worden. Die Reste dieser Hudelandschaft bilden landesweite Besonderheiten und werden deshalb in diesem Buch in einem eigenen Kapitel gewürdigt.

Die Auwälder

Natürliche Wälder fanden sich stets entlang der Flüsse, vor allem in den Emsauen. Von diesen Eichenwäldern sind noch Reste erhalten geblieben, unter anderem angrenzend an das Borkener Paradies bei Meppen. In groß angelegten Naturschutzprogrammen im Hasetal zwischen Meppen und Haselünne sowie an der Ems südlich von Lingen werden seit einigen Jahren neue Auwälder entwickelt.

Und schon vor 200 Jahren hatten Landesherrscher mit drakonischen Strafen und gezielten Aufforstungsprogrammen dafür gesorgt, dass wieder größere Wälder entstanden, die sich heute prachtvoll präsentieren. Der Eleonorenwald bei Vrees etwa ist rund 3.000 Hektar groß und erstreckt sich bis in den Landkreis Cloppenburg. Von 2006 bis 2009 lebte hier ein halbes Dutzend Wisente in einem Forschungsprojekt. Der Steverner Wald ganz im Süden ist mehrere Hundert Hektar groß und bietet als einer der wenigen großen Buchenwälder des Emslandes mehreren Dutzend seltenen Tier- und Pflanzenarten Platz, etwa der Weißen Waldhyazinthe, einer Orchideenart. Auch das Übersehene Knabenkraut wächst hier – ein äußerst seltener Bewohner feuchter Wiesen und Lichtungen.

Von diesen großen Wäldern abgesehen, gibt es weitere kleinere, deren Besuch sich lohnt. Zu nennen ist das 90 Hektar große Naturschutzgebiet „Biener Busch“, das einen der größten Auwaldreste des Emslandes beherbergt. Er enthält – gemessen an der Wasserfülle – erstaunlich viele Buchen, dazu Schlüsselblumen und Waldschachtelhalm. Ebenfalls im Süden findet sich das 200 Hektar große Heidfeld, das größtenteils in der Grafschaft Bentheim liegt. Dieser Wald wurde weitgehend einer natürlichen Entwicklung überlassen.

Eine Besonderheit stellt der Fullener Wald dar. Er ist vor einigen Jahrzehnten auf einem 300 Hektar großen Teil des Bourtanger Moores entstanden. Aus entwässertem Hochmoor wurde ein Wald mit vielen verschiedenen Baumarten, zum Teil auch standortfremden. So wollte man testen, welche Waldtypen sich auf derartigen Standorten entwickeln lassen. Herausgekommen ist einer der größten Waldkomplexe des Emslandes.

Der Wald ist nicht nur Heimat für Baum und Strauch. Abgestorbenes organisches Material muss zersetzt werden, soll es wieder neuem Leben zur Verfügung stehen. Diese Aufgabe übernehmen Pilze – oben ein Porling, unten eine Schmetterlingstramete (Trametes versicolor).

Links: Herbststimmung im Laubwald.

Wenn der Frühling Einzug hält strahlen nicht nur die
Blätter des Bergahorns (Acer pseudoplatanus) in lichtem Grün.
Das Bild wurde per Doppelbelichtung aufgenommen.

Im Emsland waren vor allem Laubwälder wie dieser Buchenbestand einst sehr rar. Heute sind immerhin 16 Prozent wieder mit Wald bedeckt.

Ein Meister der Vielseitigkeit: Die Becherflechte (Cladonia pyxidata, links oben) besiedelt trockene Heiden ebenso wie morsches Holz. Der Beringte Buchenschleimrübling (Oudemansiella mucida) wächst auf absterbendem und totem Buchenholz. Im Tinner Loh (rechtes Bild) kann man ihn noch finden. Nadelbäume, auf dem Bild rechts im Hintergrund zu sehen, dominieren die Wälder im Emsland.

Der Damhirsch (Dama dama) ist eine Art alteingesessener Neubürger. Was merkwürdig klingt, lässt sich folgendermaßen erklären: Der Damhirsch war vermutlich vor der letzten Eiszeit auch in Mitteleuropa verbreitet, wurde dann aber durch die einsetzende Kälte verdrängt. Die Römer sorgten schon vor 2.000 Jahren für seine Wiederverbreitung, die sich im Mittelalter fortsetzte. Im Emsland wurde der Damhirsch Anfang des 20. Jahrhunderts angesiedelt und bevölkert heute in Rudeln mit teilweise mehr als 100 Tieren das Emsland.

Die Waldohreule (Asio otus) ist die häufigste Eule im Emsland – wenngleich die wenigsten Menschen das heimliche Nachttier je zu Gesicht bekommen dürften. Für die Jagd ist sie auf ihr Gehör angewiesen.

Links: Alten und kränkelnden Bäumen macht der Zunderschwamm (Fomes fomentarius) zu schaffen. Er kann selbst bis zu 30 Jahre alt werden.

Helmlinge (Mycena spec., links) und
Grünblättriger Schwefelkopf (Hypholoma fasciculare, rechts)
finden sich häufig auf Baumstümpfen.

Der Adlerfarn (Pteridium aquilinum) ist ein Begleiter fast aller Wälder und Waldränder im Emsland. Er ist giftig und kann bis zu 50 Meter lange und mehrere Hundert Jahre alte unterirdische Rhizome (Wurzeln) ausbilden.

Graziles Gebilde:
Die Gattung der Kreuzspinnen (*Araneus spec.*) ist mit zehn Arten in Mitteleuropa vertreten.

Links: Junges Buchenlaub.

Die Europäische Lärche (Larix decidua) gehört zu den Kieferngewächsen. Das Foto links oben zeigt Zapfen und die weibliche Blüte dieses winterkahlen Baumes.
Auf dem Foto links unten sind weibliche (oben) und männliche Blüten zu sehen.

Herbstlicher Buchenwald.

Alte Buchen – im Emsland haben sie nur an wenigen Orten mehrere Jahrhunderte auf dem Buckel.

Herbstlaub von Zitterpappel, Felsenbirne und
Später Traubenkirsche am Rande der Tinner Dose.

Nachfolgende Doppelseite:
Die dickste Hudebuche im Naturschutzgebiet Tinner Loh bei Haren. Das Alter der Rotbuche wird auf bis zu 500 Jahre geschätzt – sie ist Teil eines alten Hudewaldes. Ihre knorpelige Wuchsform mit den ausladenden Ästen deutet auf einen Befraß des Baumes durch Weidevieh schon vor vielen Jahrhunderten hin.

Junges Buchenlaub – ein Symbol für Wärme
im Frühling und wiederkehrendes Leben.

Bizarre Baumgestalten – die Hudewälder

Ein Tag im Paradies ist leichter zu haben als man denkt. Besonders empfehlenswert ist er im Mai, wenn die Weiden in lila, weiß oder gelb erblühen und Eichen ihre frischgrünen Blätter der Sonne entgegentreiben. Wer ausreichend Muße aufbringt, kann beobachten, wie dieses Paradies entstanden ist: Dann nämlich, wenn Rinder oder Pferde für ihren Lebensunterhalt sorgen und fressen. Ein Grasbüschel hier, ein Gänseblümchen da, vor allem aber: junge Baumtriebe. Sie haben es schon gemerkt: Nicht von einem göttlichen Garten Eden ist hier die Rede, sondern von einem Ort aus Menschenhand. Das Borkener Paradies, um das es hier zunächst geht, wirkt zwar so urwüchsig, dass die Anlehnung an den Garten Eden nahe liegt. Das kleine Fleckchen ist aber vor allem durch jahrhundertlange Beweidung eines Waldes durch Vieh entstanden.

Alte Eiche im Hudewald.

Das Borkener Paradies ist Teil der alten Hudelandschaften, von denen im Emsland vergleichsweise viele und ökologisch wie historisch besonders wertvolle erhalten geblieben sind. In ihnen wirtschaftet der Mensch seit Generationen, manchmal seit Menschengedenken. Wegen ihrer Vielfalt an Lebensräumen sind Hudelandschaften für die Natur ganz besonders bedeutsam, da sie eine Vielzahl an gefährdeten Tier- und Pflanzenarten beherbergen.

Dennoch gilt: Nicht unberührte Natur nimmt hier den Betrachter in ihren Bann, sondern das Gegenteil: Kultur.

Sie geht auf die ersten Anfänge landwirtschaftlicher Tätigkeit zurück, als der Mensch begann, Wildtiere zu zähmen und als Nutzvieh zu halten. Seine Rinder und Schweine ernährten Vorzeitlandwirte fast das ganze Jahr über im Wald – die Erträge der wenigen Äcker blieben dem Menschen selbst vorbehalten; Wiesen und Weiden entstanden erst im Mittelalter. Der Wald diente in erster Linie zur Futtersuche, lieferte quasi als Nebenprodukt aber auch Holz. Hinzu kamen Laubheu, das man im Sommer mitsamt der Äste abschneitelte, also abschnitt, sowie Dünger, den man in Form von Plaggen mühsam dem Waldboden abrang. Alles menschliche Wirken zusammen ergab eine parkartige Landschaft, die wir heute neben unseren zumeist monotonen Forsten nur zu gern als eine Art Urwald empfinden.

30 Hektar groß ist das Borkener Paradies, ein Kleinod von europäischem oder sogar Weltrang, das selbst von manchem Japaner aufgesucht wird. Bis zu 500 Jahre alt sind seine Stieleichen. An manch beeindruckendem Baumveteranen

könnte also wohl schon ein Rindvieh gefressen haben, als Columbus 1492 Amerika entdeckte und erst recht, als kurz nach 1700 im benachbarten Meppen die Schulpflicht eingeführt wurde. Als Napoleons Truppen um 1800 durch das Emsland zogen, gönnten sie sich der Überlieferung nach im „Borkener Paradies" ein Nickerchen – vielleicht ja unter genau diesem Baumveteranen. Und als 1918 dann Kaiser Wilhelm II. abdankte, war eben jene Eiche schon längst so weit in die Höhe gewachsen, dass selbst Pferde mit ihren langen Hälsen wie kleine Ponys wirkten.

Wer also aufmerksam Borkener Paradies, Haselünner und Meppener Kuhweide oder das Tinner Loh durchschreitet, kann eine kleine Zeitreise absolvieren und sich zurückbegeben in eine Landschaft, die im 17. und 18. Jahrhundert von europäischen Malern der Romantik gar zum Idealtypus von Natur erhoben wurde.

Pflanzliche Baumeister

Ein Grundprinzip gilt in allen Hudewäldern: Das Weidevieh befraß den Wald so intensiv, dass eine offene Parklandschaft entstand. Dennoch überdauerten Bäume die Zeit: Sie keimten im Schutz dornenbewehrter Büsche und Sträucher und wurden groß, stark und geheimnisvoll. Im Borkener Paradies schützen Schlehen bis heute Baumkeimlinge vor dem hungrigen Maul des Weideviehs. Nur wenn der oberste Trieb aus dem Gebüsch lugt, wird er angeknabbert und wächst fortan krumm und schief in die Breite. Irgendwann überragt die Eiche dann ihren Schutzmantel und wirft wie zum Undank so viel Schatten auf die lichthungrigen Schlehen, dass sie sterben. Übrig blieben und bleiben seltsam geformte Einzelbäume oder Baumgruppen, deren Erscheinungsbild man für verwunschen natürlich halten könnte, wüsste man es nicht besser. Häufig wurden Eichen und Buchen in der Vergangenheit auch von den Bauern gezielt in einigen Metern Höhe abgeschnitten, also gekappt. So bildeten sie breitere Kronen aus und lieferten mehr Eicheln und Bucheckern. All das lässt sich an vielen Bäumen bis heute deutlich sehen. Im Borkener Paradies entfalten die Weidetiere diese die Landschaft öffnende Wirkung nun schon ununterbrochen seit Jahrhunderten

Sonnenstrahlen verwandeln das Tinner Loh in eine Waldkathedrale.

Im Borkener Paradies wachsen bizarre Baumveteranen. Hier handelt es sich um Stieleichen (Quercus robur).

und haben nebenbei eine besonders hohe Artenvielfalt hervorgebracht. Allein 75 verschiedene Vogelarten leben hier, darunter Pirol, Kleiber, Neuntöter, Misteldrossel, Schwarzspecht oder Baumfalke. Vor allem für die Nachtigall, die die ergrünenden Wipfel im Frühjahr in ein wohltönendes Klangbett hüllt, ist das Paradies bekannt. Auch die Pflanzenwelt ist vielseitig. So streckt der Ährige Ehrenpreis kleine, blaue Blüten in den Himmel. Ihn gibt es in ganz Niedersachsen nur noch an wenigen Standorten. Er ist die Symbolart des Landkreises Emsland. Hinzu kommen rosafarbene Heidenelken, gelber Mauerpfeffer oder lilafarbene Hundsveilchen.

Das Hudeprinzip hatte auch in den anderen „Urwäldern" des Emslandes Gültigkeit. Das Tinner Loh bei Haren etwa wird zwar seit Jahrzehnten nicht mehr bewirtschaftet. Erhalten geblieben sind aber steinalte Hudebuchen, darunter mit annähernd sieben Metern Stammumfang eines der dicksten und ältesten Exemplare ganz Deutschlands.

Die Kuhweiden

Einen anderen pflanzlichen Baumeister hatten die Wacholderhaine der Region. Das 72 Hektar Naturschutzgebiet Haselünner Kuhweide zum Beispiel enthält eine der größten

Ansammlungen dieser immergrünen, mystischen Art in ganz Mitteleuropa. Hunderte der 150 und mehr Jahre alten stechenden Sträucher und Bäume stehen auf 35 Hektar Fläche. Die Idylle ist beinahe so bekannt wie die in der Stadt ansässigen Kornbrennereien. Als städtische Weide ist sie seit dem 13. Jahrhundert bekannt.

Wacholderhaine entstehen auf ähnliche Art und Weise wie Hudewälder: Weidetiere fressen sich auf großen Flächen satt. Aber statt der Schlehe übernimmt der Wacholder die Rolle des Weideunkrautes, also derjenigen Pflanze, die vom Vieh gemieden wird. Spitze Stacheln retten dem bis zu 2.000 Jahre alt werdenden Wacholder die Borke, und er breitet sich aus. Die Meppener Kuhweide hat eine ähnliche Geschichte wie der Wacholderhain in Haselünne. Erste Erwähnung findet die ursprünglich 437 Hektar große Gemeinschaftsweide im Jahr 1408 – heute sind 65 Hektar als Naturschutzgebiet geschützt, werden noch immer beweidet und enthalten zahlreiche Hudeeichen und Wacholder.

Weitere Wacholderhaine gibt es in Wachendorf bei Lingen und in Börger. Da sie stärker von Schaf- als von Rinderbeweidung dominiert wurden, folgt darüber mehr im Kapitel über die Heiden des Emslandes.

Das Borkener Paradies ist mit seinen bis zu 500 Jahre alten Eichen einer der ältesten durchgehend bis heute beweideten Hudewälder Deutschlands.

Die Schlehe (Prunus spinosa, hier mit reifen blauen Früchten) ist der eigentliche Baumeister vieler Hudewälder. Im Borkener Paradies sorgt der stachelige Strauch dafür, dass in seinem Schutz Eichen und Buchen den hungrigen Mäulern von Kühen und Pferden entgehen.

Hudewälder sind zwar Lebensräume aus Menschenhand. Wegen ihrer Strukturvielfalt leben hier aber besonders viele Tier- und Pflanzenarten. Die alten Bäume und die parkartige Landschaft ziehen viele Vogelarten an, zum Beispiel Buntspecht (Dendrocopos major), Blaumeise (Cyanistes caeruleus), Kleiber (Sitta europaea) und Grünfink (Carduelis chloris), von links.

Nachfolgende Doppelseite:
In ein Meer aus Blüten verwandelt sich ein Teil des Borkener Paradieses im Mai, wenn Dünen-Veilchen, auch Wildes Stiefmütterchen genannt (Viola tricolor), Acker-Hornkraut (Cerastium arvense), Hahnenfuß (Ranunculus spec.) und Gänseblümchen (Bellis perennis) ihre volle Pracht entfalten.

Die Kulisse ist einige Jahrhunderte alt, das Rindvieh ein Neuling: Im Haselünner Wacholderhain sorgen Schottische Hochlandrinder dafür, dass sich die Hudelandschaft nicht wieder in einen Wald verwandelt. Früher waren Schwarzbunte die vorherrschende Rinderrasse im Emsland. Der Wacholder (Bild rechts) widersteht den hungrigen Mäulern der Rindviehcher dank seiner spitzen Stacheln und wird steinalt.

Linke Seite: Seinem Namen alle Ehre macht dieser Weißdorn (Crataegus laevigata) im Borkener Paradies. Seine Blüte ist in guten Jahren überreich, seine Dornen sorgen dafür, dass das Vieh ihn nicht mag.

Oben: In der Meppener Kuhweide blieb einer der an den Ufern von Ems und Hase typischen Sandtrockenrasen erhalten. Für die Farbenpracht sorgen Rotschwingel (Festuca rubra,hinten links) und Kleiner Sauerampfer (Rumex acetosella, rechts).

Helmlinge zersetzen totes Holz. In Deutschland sind mehr als 100 Arten dieser vielfältigen Gattung bekannt.

Rechte Seite: Wenn im Herbst im Tausendschrittmoor bei Haren das Birkenlaub fällt, bedeckt es vorübergehend die Moospolster am Boden.

Mehr als sieben Meter Umfang misst diese Hudeeiche im Borkener Paradies. Sie wurde in ihrer Jugend vermutlich vom Vieh befressen und bildete deshalb viele Stämme und eine verwachsene Basis aus.

Das Frühjahr verzaubert die Hudewälder mit seiner Farbenpracht. Dann blühen von links oben nach rechts unten Scharbockskraut (Ranunculus ficaria), Ährige Ehrenpreis (Pseudolysimachion spicatum), Hornkraut (Cerastium arvense und Buschwindröschen (Anemone nemorosa). Der Ährige Ehrenpreis findet sich nur noch an drei Standorten im Emsland. Die westlichsten deutschen Vorkommen dieser lichtliebenden Trockenrasenart befinden sich hier, vor allem im Borkener Paradies.

Links: Parklandschaft Hudewald. Sanft geschwungen liegen die Dünen des Borkener Paradieses da.

Was wie ein Urwald aussieht, ist doch von Menschenhand geschaffen. Eichen im feuchten Teil des Borkener Paradieses.

Die parkartige Landschaft der Hudewälder galt
lange Zeit als Inbegriff unberührter Natur – zu Unrecht.

Von oben nach unten:
Gelbstieliger Dachpilz (Pluteus romellii),
Goldfellschüppling (Pholiota aurivella)
und Zunderschwamm wachsen
auf absterbendem oder totem Holz.

Wasser im Sandland – an Ems und Hase

Er ist der heimlichste Baumeister Europas, seine Gebäude wirken wenig filigran und sind doch bis ins Detail durchdacht. Wenn alles klappt, wie er sich das vorstellt, dann steigt irgendwo das Wasser, um ihm den Bauch zu nässen: Der Biber hat viele Gewässer des Emslandes fest im Griff. Nachdem 1990 acht Tiere ausgewildert wurden, nagen sich heute wieder mehr als 150 „Emslandbiber" durchs Uferholz von Hase, Ems und Radde und gestalten sich ihren Lebensraum nach eigenem Gusto.

Die Anwesenheit dieses mit bis zu 40 Kilogramm Gewicht größten Nagetiers der alten Welt macht jeden Spaziergang am Wasser zu einer kleinen Expedition. Daumendicke Späne am Ufer verraten den nächtlichen Nahrungssucher, „Biberrutschen" zeigen an, wo er am liebsten dem Wasser entsteigt, um am Ufer Schmackhaftes aufzuspüren, nur um spätestens im Morgengrauen genau hier bäuchlings wieder hinein zu gleiten. Besonders deutliche Zeichen hinterlässt der nachtaktive Biber, wenn er dicke Bäume fällt, um an deren Äste heranzukommen – die verbliebenen Stubben wirken wie zu kurz geratene Riesenbleistifte.

Wer viel Glück hat und über Ausdauer verfügt, kann den Nager an lauen Sommerabenden kurz vor der Dunkelheit auch an den Ufern von Ems und Hase gemächlich durchs Wasser gleiten sehen. Fühlt er sich gestört, klatscht er mit seiner Kelle laut aufs Wasser – und taucht ab.

Die Flüsse und Bäche des Emslandes haben noch mehr zu bieten als den Biber. Den seltensten Marder Europas etwa – den Europäischen Nerz. Wissenschaftler bemühen sich seit ein paar Jahren um seine Wiederansiedelung an der Hase. In diesem größten Nebenfluss der Ems überlebt hat auch die sehr seltene Abgeplattete Teichmuschel – sie wird man allerdings nie lebend zu sehen bekommen, verbirgt sie sich doch bevorzugt am metertiefen Grund des Flusses.

Wie überall sonst in Deutschland hat man auch im Emsland Gewässer reguliert, begradigt und den Grundwasserstand abgesenkt. Zur Überführung von Kreuzfahrtschiffen wird die Ems noch heute vor allem oberhalb von Papenburg stetig ausgebaggert. Nur selten waren die Maßnahmen gut für das ökologische Gleichgewicht, nicht alles war für eine lohnende Landwirtschaft, die mit feuchten Flächen wenig anfangen kann, tatsächlich notwendig.

Aus dieser Erkenntnis hat man im Emsland stellenweise Konsequenzen gezogen und teils in Kooperation mit der Landwirtschaft und den

Seit einigen Jahren bemühen sich Naturschützer um den Wiederanschluss abgeschnittener Altarme von Ems und Hase – hier gelang dies in Oberlangen bei Lathen.

Grundbesitzern Renaturierungsprojekte gestartet. Ein ökologischer Erfolg war der Rückbau der Hase auf einem Teilstück zwischen Haselünne und Meppen. Für 10,2 Millionen Euro sind Altarme wieder angeschlossen, Deiche rückgebaut und 450 Hektar landwirtschaftliche Nutzflächen am Ufer in extensive Wiesen und Weiden umgewandelt worden.

Erst 2008 abgeschlossen wurde ein ähnliches, ebenfalls mehrere Millionen Euro teures Projekt an der Ems im südlichen Kreisgebiet. Zwischen Salzbergen und Bramsche hat man die Ems auf 19 Stromkilometern von Uferbefestigungen befreit, Bäume gepflanzt und Auwald angelegt. Seit Jahren wird zudem versucht, den mit 371 Kilometern kürzesten Strom Deutschlands wieder durchgängig für große Wanderfischarten zu machen. Wehre werden dafür umgestaltet oder abgebaut. Mit kleinen Erfolgen. Die ersten Lachse sind inzwischen wieder da, Meerforellen ebenfalls. Bestenfalls in Jahrzehnten dürfte allerdings der eindrucksvollste Fisch unserer Breiten, der Europäische Stör, in der Ems wieder eine Chance haben. Er ist vor gut 80 Jahren aus dem Fluss verschwunden.

Erlebbar sind die Flüsse am besten beim Flusswandern mit dem Kanu oder in den vielen an die Ufer angrenzenden Naturschutzgebieten. Lohnenswert, wenn auch schwer zugänglich ist das Naturschutzgebiet Emsaltwasser bei Vellage, im Volksmund „Tunxdorfer Schleife" genannt. Hier drehte Heinz Sielmann noch in den 1940er Jahren einer seiner ersten Naturfilme und stellte die Wasservögel dieses 185 Hektar großen Feuchtgebietes in den Mittelpunkt.

Wertvoll und attraktiv sind auch Markatal, das Naturschutzgebiet Oberlauf der Ohe bei Börger und das Tal der Nordradde.

Höckerschwäne (Cygnus olor) in den Emsauen bei Holthausen.
Nur diese von drei im Emsland vorkommenden Schwanenarten brütet auch hier.

Vorhergehende Doppelseite: Morgenstimmung an einem Altarm der Ems nahe Meppen.

Oben: Erlenbruchwälder (Alnus spec) begleiteten einst viele Gewässer im Emsland. Heute sind sie selten geworden.

Rechts: Hochwasser an der Versener Lake. Vor allem zum Ende des Winters steigt der Wasserspiegel an Ems und Hase oftmals deutlich an. Nach leidvollen Erfahrungen mit Extremhochwassern, etwa 1998, geben die Planer den Flüssen inzwischen wieder mehr Raum.

Der Nutria (Myocastor coypus) ist – genauso wie die beiden Bisame (Ondatra zibethicus) rechts oben – kein „Ur-Emsländer", sondern stammt aus Südamerika. Beide Arten gelten als Neozoon, also eingeführte Neubürger. Sie wurden ursprünglich zur Pelzgewinnung eingeführt und haben sich inzwischen in ganz Deutschland verbreitet.

Ganz anders dagegen der Europäische Nerz (Mustela lutreola). Dieser ans Wasser gebundene Marder war einst in ganz Europa verbreitet, wurde dann aber systematisch ausgerottet, verlor seinen Lebensraum oder wurde durch den Amerikanischen Mink (Neovison vison), einen Flüchtling aus Pelztierfarmen, verdrängt. Heute gilt der Europäische Nerz als eines der seltensten Säugetiere Europas. Im Emsland bemüht man sich um seine Wiederansiedelung an der Hase.

Die Blessralle (Fulica atra) kommt im wasserreichen Emsland noch recht häufig vor. Ihren Namen verdankt sie der Blesse an der Stirn.

Der Teichfrosch (Rana kl. esculenta) ist ein sehr häufiger Vertreter der Lurche, allerdings stellt er gar keine Art im klassischen Sinn dar. Er gilt als Hybrid aus dem Seefrosch (Rana ridibunda) und dem Kleinen Wasserfrosch (Rana lessonae). Die drei Arten bezeichnet man wegen der schwierigen Unterscheidung als Grünfrösche.

Im Herbst verlieren die Blätter des Breitblättrigen Rohrkolbens (Typha latifolia) ihre Lebenskraft. Die Grünfüßige Teichralle (Gallinula chloropus) ist etwas kleiner als ein Rebhuhn. Sie lässt sich zwar noch verbreitet antreffen, ihre Bestände nehmen aber derzeit ab. Sie liebt nährstoffreiche Gewässer.

Die Gebänderte Prachtlibelle (Calopteryx splendens), hier ein Männchen auf blühendem Knäuelgras (Dactylis glomerata), bewohnt langsam fließende Gewässer. Ihr gaukelnder Flug erinnert ein wenig an den eines Schmetterlings.

Die Wiesenschnake (Tipula paludosa) zieht es als erwachsenes Individuum an grasreiche Ufer.

Der Biber (Castor fiber) ist schon 1990 ins Emsland zurückgekehrt. Im Rahmen eines Forschungsprojektes wurden acht Tiere ausgewildert, die sich inzwischen auf mehr als 150 Individuen vermehrt haben. Selbst wenn man den schwersten Nager Europas nur selten zu Gesicht bekommen dürfte: Seine Spuren finden sich an vielen Ufern von Ems, Hase oder Radde. Selbst entlegene Tümpel besiedelt der Biber inzwischen.

Der Teichrohrsänger (Acrocephalus scirpaceus) überwintert südlich der Sahara. Der Schilf- und Röhrichtbewohner legt sich für den bis zu 6.000 km langen Flug Fettreserven an.

Zur Nahrungssuche ist der Eisvogel (Alcedo atthis) auf Gewässer mit klarer Sicht angewiesen. Im Emsland findet er ein gutes Auskommen, wenngleich Steilufer zum Niströhrenbau nicht mehr so zahlreich sind wie früher. Die alten Griechen dachten übrigens, der Eisvogel baue ein Nest aus Fischgräten auf dem offenen Meer. Sein Name leitet sich vermutlich vom altdeutschen „eisan" ab, was schillern oder glänzen bedeutet.

Die Stockente (Anas platyrhynchos), hier ein Weibchen, ist weit verbreitet. Von dieser Art stammen die Hausenten Europas ab.

Die Brandente,auch Brandgans genannt, steht systematisch zwischen Enten und Gänsen und gehört zu der Unterfamilie der Halbgänse (Tadorninae). Früher ein reiner Küstenbewohner, ist sie heute immer mehr auch im Inland zu sehen.

Luftblasen und Pflanzenteile im Eis
auf überschwemmter Emswiese.

Morgenstimmung an der Versener Lake,
einem seit langer Zeit von der Ems
abgeschnittenen Altarm nahe Meppen.

Letzte Wildnis – die Moore

Die abgestorbenen Birken auf dem Foto links sind kein Unglück, sondern ein Erfolg. Denn die Bäume entziehen dem Moor das Wasser und halten die Wiedervernässung auf. Steigt der Wasserstand aber dauerhaft an, sterben die Birken ab.

Wer Weite erfahren will, muss aufs Meer schauen oder aufs Moor. Im Emsland gilt diese Erkenntnis auch heute noch hier und da. Früher jedenfalls gab es hier Moore, die so endlos waren, dass das Auge kaum Halt fand am Horizont. Wie viel Fläche sie einst insgesamt einnahmen, lässt sich wegen fehlender Aufzeichnungen nicht genau sagen. Schätzungen gehen aber von ursprünglich rund 80.000 Hektar aus, was einem Drittel der Landkreisfläche entsprochen hätte. Allein das Bourtanger Moor, einst das größte Hochmoor Mitteleuropas, umfasste 120.000 Hektar, von denen 40.000 Hektar auf deutscher, 80.000 auf holländischer Seite lagen.

Die Bedingungen für diese Gigantomanie der Natur waren nach der letzten Eiszeit günstig: Weil stauende Bodenschichten vielerorts den Regen nicht abfließen ließen und Gletscher Vertiefungen hinterlassen hatten, entstanden große Regionen, in denen mehr Wasser durch Niederschläge zu Boden fiel, als durch Verdunstung, Abfluss oder Versickerung wieder verlorenging.

Ort der Gegensätze

Bis ins 19. Jahrhundert wuchsen die meisten emsländischen Moore Millimeter um Millimeter in die Höhe, waren damals schon 5.000 oder mehr Jahre alt. Das Moor ist ein Ort der Gegensätze: Flirrende Hitze und klirrende Kälte – wabernde Morgennebel und stickige Mittagsglut wechseln sich ab, scheinbar wahl- und ziellos, auf jeden Fall aber unberechenbar.

Wer hier sein Dasein fristete, gehörte zu den Ärmsten – manchmal auch zu den Ausgestoßenen. „Hexen" und andere angeblich die Gesellschaft zersetzende Elemente ließ man oft nur noch hier leben oder man brachte sie gerade hier um – die besonders im Mittelalter ausgeprägte Angst vor Widergängern schien sich durch das Versenken im Moor am besten bekämpfen zu lassen. Die Lebensfeindlichkeit, der Bedarf an Rohstoffen zunächst zum Heizen und später für den Gartenbau, dazu die Notwendigkeit, Ackerland zu gewinnen: all das hat dazu geführt, dass Moore in ganz Mitteleuropa kultiviert wurden. Im Emsland, das wegen seiner Moore lange das Armenhaus Deutschlands blieb, wird bis heute Torf abgebaut.

Deutsche Gründlichkeit

Eröffnet man eine Gesamtbilanz, so stößt man auf eine Gründlichkeit, die der Natur kaum eine Chance ließ. In Deutschland gab es einst rund 1,5 Millionen Hektar Moor, davon in Nie-

dersachsen etwa 630.000. Nur rund 4,8 Prozent davon, nur 12.000 Hektar blieben als natürliche oder naturnahe Hochmoore erhalten. Eines der größten weitgehend intakten Relikte ist die 3.200 Hektar große Tinner und Staverner Dose im Emsland, die auf dem Gelände eines Schießplatzes liegt. Die Erprobung großer Kriegswaffen hat für den Erhalt dieses Moores gesorgt, lässt aber bis heute kein freies Betreten des Geländes zu.

Seltene Spezialisten

Wirft man einen Blick auf Tiere und Pflanzen, so stellt man fest: Moor ist nicht besonders artenreich. Extreme Nährstoffarmut, ein saures Wassermilieu und permanente Feuchtigkeit erfordern ein hohes Maß an Anpassung – nur Spezialisten konnten hier überleben, etwa der Sonnentau, der seine Blätter in Fangwerkzeuge umgewandelt hat, mit denen er Insekten erbeutet. Trickreich lebt auch der Wasserschlauch. Diese Pflanze schwimmt ohne Wurzeln und Blätter im Moorwasser und lockt Nahrung mit Hilfe chemischer Stoffe oder algenähnlicher Sprosse an. Sobald Beute den Wasserschlauch berührt, öffnet die Pflanze die Klappe zu einer Fangblase und saugt die Nahrung per Unterdruck einfach ein. Im Pflanzenreich gibt es keine schnellere Bewegung als die der Wasserschlauchklappe.

Auch in der Tierwelt sind wenige Arten unter sich. Das Birkhuhn etwa, ein Bewohner von Heiden und Moorrändern, ist mit dem weitgehenden Verlust seines Lebensraumes um 1980 – vorerst – aus dem Emsland verschwunden. Auch einige spezialisierte Libellenarten haben sich rar gemacht, ebenso Sumpfohreule, Hochmoor-Perlmuttfalter oder die Kreuzotter. Der Kranich erlebt im Gegensatz zu vielen anderen Moor- und Sumpfbewohnern allerdings gerade eine Renaissance. Er profitiert von der Wiedervernässung abgetorfter Moore und hat auch im Emsland Fuß gefasst. Eine extreme Besonderheit ist der Südliche Goldregenpfeifer. Seit einigen Jahrzehnten brüten die weltweit letzten Paare dieser einst weit verbreiteten Art erstaunlicherweise störrisch nur noch auf entwässerten und von Maschinen gefrästen Torfböden im Emsland. Der Südliche Goldregenpfeifer unterscheidet sich von seinem nördlichen Verwandten, der in Skandinavien lebt, und wird deshalb besonders geschützt.

Raureif überzieht schon früh im Herbst die Moore. Sie sind wahre Kälteinseln.

Vorhergehende Doppelseite: Düster und geheimnisvoll erscheint das Moor vielen Menschen.

Ein verlassener Viehstall, bei Sonnenaufgang im Melmmoor bei Esterwegen, ist Zeuge für die Mühsal der frühen Moorbewohner.

Rechts: Morgenstimmung im Naturpark Moor.

In den Roten Listen der gefährdeten Tier- und Pflanzenarten stehen die meisten Moorbewohner heute ganz weit oben.

Feuchte Archive

Moore dienen heute auch als Jahrtausende umfassende Archive. So überdauerten einige Dutzend Leichen die moderigen Ewigkeiten – abgeschnitten vom Sauerstoff und damit dem Lauf der Zeit. Eine der berühmtesten Moorleichen ist der „Rote Franz", der vor 1.600 bis 1.750 Jahren im Bourtanger Moor bei Meppen ermordet und im Jahr 1900 entdeckt wurde. Er ermöglicht ebenso einen Einblick in die Vergangenheit wie moderne Pollenanalysen. In den vergangenen Jahren erhielten die Moore zudem als riesige natürliche Lagerstätten des Klimagases Kohlendioxid neue Bedeutung.

Moderner Moorschutz

Es gibt also genügend Gründe, erhaltene Moore zu schützen oder bereits abgetorfte zu renaturieren. Niedersachsen versucht dies seit 1981 mit seinem Moorschutzprogramm. Im Emsland wurde seitdem auf Tausenden Hektar Moor eine Wiedervernässung eingeleitet. Allein die Esterweger Dose, eines dieser Gebiete, ist 4.700 Hektar groß, wobei Teilbereiche in benachbarten Landkreisen liegen. Vielfach kehren erste Torfmoose tatsächlich recht schnell auf wiedervernässte Flächen zurück und sorgen gemeinsam mit Wollgräsern zumindest optisch für eine Rückkehr alten Antlitzes. Es wird zwar wohl noch Jahrzehnte dauern, bis ein solches wiedervernässtes Moor auch erkennbar beginnt, wieder zu wachsen. Arten wie Kranich oder Schwarzhalstaucher haben die neuen alten Lebensräume aber bereits heute dankbar angenommen.
Und das ist mehr als ein Zeichen der Hoffnung für diesen ganz besonderen Lebensraum, der das Emsland wie sonst nur die Ems geprägt hat.

Seit 2006 hat die Region dem Moor mit dem „Internationalen Naturpark Bourtanger Moor-Bargerveen" ein spätes Denkmal gesetzt. Er ist etwa 14.000 Hektar groß und umfasst vor allem Flächen im Emsland und in den benachbarten Niederlanden, dazu einige in der Grafschaft Bentheim. Vor allem jenseits der Grenze ist natürliches Hochmoor erhalten geblieben und mit ihm zahlreiche höchst seltene Tier- und Pflanzenarten.

Der Kranich (Grus grus) hat 2007 erstmals wieder im Emsland gebrütet. Trupps mit Jungvögeln oder Durchzügler sind immer wieder zu beobachten, seit einigen Jahren profitieren die Vögel des Glücks von der Wiedervernässung der Moore und dem Maisanbau,der ihnen gute Futterflächen bietet.

Gagelblüte in der Tinner Dose (auch rechts unten).
Am Rande eines der größten naturnah erhaltenen Hochmoore Mitteleuropas wächst Gagel (Myrica gale), ein inzwischen in Deutschland selten gewordener Kleinstrauch, der früher zum Bierbrauen verwendet wurde. Sein Verbreitungsschwerpunkt liegt in Nordwest-Niedersachsen.

Herbst im Heseper Moor –
das Gebiet gehört
zum Naturpark Moor.

Pfeifengras und Seggen verleihen
dem Moor eine grün-braune Herbstfärbung.

Der Rundblättrige Sonnentau (Drosera rotundifolia) ist die häufigste der drei einheimischen Sonnentauarten. Mit seinen Blättern fängt der Sonnentau Insekten – und verdaut sie, um seinen Nährstoffhaushalt aufzubessern.

Das „Amsterdamsche Veld" im niederländischen Bargerveen. Dieses Moorschutzgebiet gehört zum deutsch-niederländischen Naturpark Moor und wird seit Jahrzehnten mit Konsequenz und Erfolg wiedervernässt.

Im Wesuweer Moor auf deutscher Seite wird ebenfalls Wasser angestaut. Erste Erfolge stellen sich ein.

Vögel der emsländischen Moore v.l.n.r: Uferschnepfe (Limosa limosa), Braunkehlchen (Saxicola rubetra), Blaukehlchen (Luscinia svecica) und Südlicher Goldregenpfeifer (Pluvialis apricaria altifrons). Der Goldregenpfeifer der südlichen Unterart lebt nur noch im Emsland.
Der Kuckuck (Cuculus canorus, links), der hier gerade von einem Wiesenpieper (Anthus pratensis) „gehasst" wird, ist inzwischen selten geworden und hat sich im Emsland vorwiegend an die Moorränder zurückgezogen.

Im Lahrer Moor bei Haselünne hat Entwässerung Jahrzehntelang dafür gesorgt, dass mit dem Wasser seltene Pflanzen verschwanden. Nicht zuletzt, weil der Biber hier Dämme baute, wurde es wieder feuchter. Der Sumpfcalla (Calla palustris) zum Beispiel (rechts im Bild) geht es in dem Erlenbruch wieder besser.

Raritäten aus dem Moor: Die Weiße Waldhyazinthe (Platantera bifolia) besiedelt unterschiedliche Lebensräume und kommt im Emsland an Moorrändern und auf moorigen Wiesen vor. Ebenso das Gefleckte Knabenkraut (Dactylorhiza maculata). Die Natternzunge (rechts, Ophioglossum vulgatum) dagegen ist keine Orchidee, sondern ein Farn und findet sich im Emsland sehr selten ebenfalls auf moorigen Wiesen.

Auf feuchten bis nassen Böden entwickeln sich Bruchwälder. Birken lieferten übrigens vor 80.000 Jahren den ersten Kunststoff der Menschheitsgeschichte: das aus ihrer Rinde durch Verschwelung gewonnene Birkenpech.

Birken (Betula pubescens und Betula pendula) können entwässerte und gestörte Moore und ihre Ränder stark dominieren, hier ein Bild aus der Tinner Dose.

Kleine Moosjungfern (Leucorrhinia dubia) tanken auf einem Birkenstamm Sonnenenergie. Die Segellibelle ist vorwiegend auf Moore und Heideweiher angewiesen und inzwischen stark bedroht. Im Emsland kommt sie noch in einigen Mooren und an Altarmen der Hase vor.

Rechts: Die Vierflecklibelle (Libellula quadrimaculata) gehört mit fünf Zentimetern Länge zu den größten und häufigsten Libellen im Gebiet. Sie findet sich in wiedervernässten Mooren oft in Massen.

Die Rotbeinige Tanzfliege (Empis variegata) erhielt ihren Namen durch ein auffälliges Paarungsverhalten. Sie ernährt sich von anderen Insekten.

Die Gemeine Streckerspinne (Tetragnatha extensa) lebt meist in Gewässernähe. Sie kommt in ganz Europa vor und baut kleine Radnetze.

Birkenbruch im Tausendschrittmoor.

Oben links: Variantenreich strecken Fliegenpilze (Amanita muscaria var. muscaria) auch im Moor ihre roten Kappen in den Himmel. Sie bilden mit Birken eine Art Lebensgemeinschaft und ertragen auch saure Torfböden.

Oben rechts: Die Kreuzotter (Vipera berus) hat ihren schlechten Ruf zu Unrecht: Die Schlange hat Angst vor dem Menschen und verschwindet bei kleinsten Bodenvibrationen meistens ungesehen. Nur die wenigsten dürften ihr heute noch begegnen – sie ist vom Aussterben bedroht, lebt im Emsland aber noch an einigen Orten. Ihr Gift ist für gesunde Menschen nicht lebensgefährlich.

Unten: Die Schlingnatter (Coronella austriaca) hatte oft unter dem schlechten Ruf der Kreuzotter zu leiden und wurde häufig statt ihrer erschlagen. Mit der Otter teilt sie sich nur den Lebensraum Moor und Heide, hat aber eine runde Pupille.

In den trockenen Randbereichen hauptsächlich der
schon teilentwässerten Moore haben selbst Kiefern eine Chance.

Das Schmalblättrige Wollgras (Eriophorum angustifolium), hier in der Tinner Dose, ist eine Charakterart des Moores und kann riesige Flächen bedecken. Wenn es fruchtet, wird das Moor weiß.

Ein Rest Purpurland – die Heide

Die Melodie der Heide – sie ist fast überall vergessen. Als sich Ende August die graue Weite in ein Meer aus Purpur verwandelte, begann bis vor gut 60 Jahren in den Heiden des Emslandes das große Summen der Bienen. Es mischte sich mit dem Trippeln der Schafe, mit dem leisen Schmatzen, das entsteht, wenn sie den immergrünen Strauch abrupfen und dem Bimmeln der Glocken, die man den Leittieren der großen Herden damals um den Hals hängte.

Bei den Imkern sind weidende Schafe beliebt: Erstens, weil sie die Heide erhalten und zweitens, weil sie Morgen für Morgen einen Teil der Spinnenweben zerreißen, in denen die Honigbienen ansonsten sterben.

Kein Zweifel: Das Emsland war einst auch Heideland: Wo kein Moor die weiten Ebenen bedeckte, überzog Jahrhunderte lang im Spätsommer ein Blütenschleier Zehntausende von Hektar – vor allem, aber nicht nur auf dem Hümmling, jenem sanften Höhenzug, der sich durch den Nordosten des Landkreises zieht. Das Emsland lag einst mittendrin in der so genannten zentralen Heideregion Europas, die Schweden, Dänemark, Deutschland, die Niederlande, Belgien und Teile Schottlands, Englands und Frankreichs umfasste.

Mit Axt und Feuer hatten schon die Bauern der Steinzeit dichten Wald in Hudewälder, Heide und offenes Weideland verwandelt.

Auswärtigen Betrachtern erschien diese Szenerie früher ärmlich und rückständig, nur selten faszinierte sie. Die Emsländer waren tatsächlich zum überwiegenden Teil sehr arm. Dennoch verteidigten gerade die Schafbauern lange Zeit ihre Wirtschaftsweise, trieben sagenhafte 150.000 Heidschnucken und Bentheimer Landschafe in unvorstellbar endlose Heiden. Der Grund für das lange Festhalten an einer eigentlich überkommenen Wirtschaftsweise findet man in einem alten Reisebericht aus dem Jahr 1782: „Bauer und Bäuerin, Knecht und Magd, die Kinder vom fünften Jahre an – alles spinnt und strickt bis zum Grabe." Gemeinsam mit dem direkten Verkauf der Schafwolle bot das Strümpfestricken ein Auskommen, mit dem sich sechsmal mehr Geld verdienen ließ als mit dem Ackerbau in der steinigen und sandigen Gegend. Auch die Imkerei bot sich in der Heide an. Nicht selten besaßen Bauern mehr als 100 oder sogar 200 Völker und exportierten vor allem Wachs ins benachbarte Holland.

Als allerdings der Import von Baumwolle die Preise für Schafprodukte drückte, wurde der Boden vielerorts gnadenlos übernutzt und es entstanden Gebiete mit riesigen Wehsandflächen. Wanderdünen behinderten zeitweilig sogar die Schifffahrt auf der Ems. Rund um Meppen sind die alten Dünen – inzwischen allerdings bewaldet und festgelegt – noch zu finden.

Der große Umbruch

Vor mehr als 100 Jahren begannen die Menschen, die von ihnen einst selbst geschaffene Heide mit Dampfmaschinen tief zu pflügen. Sie

wandelten sie mit Hilfe des inzwischen vorhandenen Kunstdüngers in fruchtbare Äcker um oder forsteten die Heiden mit Kiefern und Lärchen auf. Zur Freude heutiger Naturfreunde haben unsere Vorfahren allerdings einige sehenswerte Reste vergessen.

Die Mansenberge zum Beispiel, die Menschenberge, bei Klein und Groß Berßen, werden wegen ihrer steinzeitlichen Hügelgräber so genannt. Einst existierten mehr als 150 dieser mehrere Meter hohen Hügel, die die Menschen vor rund 5.000 Jahren aus Heideplaggen über ihren Toten aufgeschichtet hatten. 83 sind im Naturschutzgebiet Hügelgräberheide für die Nachwelt erhalten geblieben. Nach einer Jahrzehnte langen Pause weiden hier wieder die in der Region entstandenen Bentheimer Landschafe und sorgen für den Erhalt eines der attraktivsten Schutzgebiete des Hümmlings, in dem Englischer Ginster und seltene Heidebienen leben. Bei Spahn im Norden des Hümmlings wächst im Naturschutzgebiet Männige Berge noch die Niedrige Schwarzwurzel, eine im Nordwesten extrem seltene Blume der Heiden.

Die Wacholderhaine

Jahrhunderte auf dem Buckel haben auch die Wacholderhaine des Emslandes. Sehr bekannt sind die Wachendorfer Wacholderhaine bei Lingen. Eine 20 Hektar große Teilfläche steht bereits seit 1936 unter Schutz und wird heute mit Schafen beweidet. Ganz in der Nähe liegt mit der Wacholderheide ein weiteres sehenswertes Schutzgebiet mit einer Jahrhunderte langen Geschichte. Neu und mit 145 Hektar sehr großzügig bemessen sind die Moorschlatts und Heiden in Wachendorf, die dem Schutz typischer nährstoffarmer Kleingewässer dienen.

Die Heideweiher

Und das führt zu einem heute weitgehend vergessenen, allerdings ganz besonderen Teil emsländischer Natur: den Heideweihern. Dutzende dieser vom Wind ausgeblasenen Tümpel und kleinen Seen muss es noch vor 150 Jahren hier gegeben haben. In ihnen existierten ausschließlich Spezialisten, die an Nährstoffarmut und starke Winde angepasst sind – so wie die herrlich blau blühende Wasser-Lobelie oder der Gemeine Igelschlauch. Die Zeit überdauert hat der Ahlder Pool bei Emsbüren, in dem es noch Lobelien gibt. Im neuen Naturschutzgebiet Versener Heidesee bei Meppen hat sich rund um eine Sandentnahmestelle ein 40 Hektar großes Heide- und Seegebiet inklusive einiger seltener Pflanzen der Heideweiher neu entwickelt. Lohnenswert ist auch der Besuch im Berger Keienvenn im Süden, im Holschkenfehn bei Hüven oder am Theikenmeer, einem großen, aber außergewöhnlich flachen See auf dem Hümmling bei Werlte.

Wacholder (Juniperus communis) kann Hunderte von Jahren alt werden. Im Wachendorfer Wacholderhain hat er es – wie überall im Emsland – inzwischen schwer, sich zu vermehren. Die Gründe sind noch ungeklärt.

Vorhergehende Doppelseite: Die Wachendorfer Wacholderhaine gehören zu den ältesten Naturschutzgebieten des Emslandes.

Auf Sand gewachsen sind die Heiden des Emslandes.

Sie ist eine Art Neubürger in der Region. Die Wespenspinne (Argiope bruennichi) zieht es seit einigen Jahren aus dem Süden Europas nach Norddeutschland, auch in die Heiden.

Der Hauhechel-Bläuling (Polyommatus icarus) liebt offene Lebensräume. Der schmucke Falter kommt im Emsland noch häufig vor und kann im Mai und Juni in Massen auftreten.

Der Neuntöter (Lanius collurio), hier ein Weibchen, benötigt ähnliche Biotope wie der Raubwürger, ist aber nicht so selten wie dieser.

Linke Seite l.o.n.r.u.:
Die Vögel der Heiden: Der Steinschmätzer (Oenanthe oenanthe, Männchen) kommt hauptsächlich in Gebirgen vor, brütet aber auch in den offenen Heiden des Emslandes.

Das einst sehr seltene Schwarzkehlchen (Saxicola torquata, Männchen) hat im Bestand wieder zugenommen.
Der Raubwürger (Lanius excubitor) brütet in halboffenen Landschaften wie degenerierten Hochmooren und Heiden. Er ist stark im Bestand bedroht.

Schwarzkehlchen (Weibchen).

Das Naturschutzgebiet Hügelgräberheide bei Groß und Klein Berßen, im Volksmund Mansenberge – Menschenberge – genannt, ist eines der wenigen gut erhaltenen Heidegebiete des Emslands. Seine rund 80 Hügelgräber sind mehr als 3.600 Jahre alt. Weil auch sie aus Heidesoden aufgeschichtet wurden, könnte der Lebensraum Heide an dieser Stelle seit vielen Tausend Jahren existieren.

Das Bentheimer Landschaf ist vor mehr als 100 Jahren in der Grafschaft Bentheim und dem Emsland gezüchtet worden. Es ist eng mit der Heide verbunden und wie sie eine kulturelle Errungenschaft.

Die Schlingnatter (hier ein Weibchen) lebt nicht nur im Moor. Sie findet sich auch in Heiden, lichten Wäldern, an Wegrändern und Bahndämmen zurecht.

Die Blindschleiche (Anguis fragilis) gehört trotz entsprechenden Aussehens nicht zu den Schlangen, sondern zu den Echsen. Dieses Missverständnis spiegelt sich im lateinischen Namen wider: Anguis fragilis: Zerbrechliche Schlange. Auch ist die Art nicht blind – die Bezeichnung soll aus einem althochdeutschen Wort herrühren, das soviel heißt wie „blendender Schleicher“. Treffender scheint die englische Bezeichnung „Slow Worm“, denn die Blindschleiche bewegt sich im Zeitlupentempo, wenn sie nicht gerade auf der Flucht ist.

Die Kreuzkröte (Bufo calamita) liebt den emsländischen Sand – ist sie doch eine Pionierart warmer offener Lebensräume mit vegetationsarmen Gewässern. Sie ist ein typischer Bewohner von Heideweihern und Sandgruben.

Die Bodentrichterspinne (Coelotes spec.) baut tiefe Fallen für ihre Beute.

Auf Feld und Weide – die Agrarlandschaft

Vorhergehende Doppelseite: Winterlandschaft in der Emsaue zwischen Meppen und Haren.

Auf nährstoffreichen und frischen Weiden wächst Löwenzahn (Taraxacum sect. ruderalia) in großen Mengen. Der Grünlandanteil im Emsland ist allerdings wie überall in Nordwestdeutschland stark rückläufig.

Wenn der Tütenwölup die Bühne betritt, ist ihm Aufmerksamkeit sicher. Tütenwölup oder Tutwelp – so nannten die Menschen im Emsland einst in ihrer plattdeutschen Mundart den Brachvogel, jenes stimmgewaltige Charaktertier der Moore und später der großen Wiesen, das mit seinem wehmütig getrillerten „Kuri li" Jahr für Jahr das Frühjahr einläutet.

Den großen Krummschnabel gibt es auch heute noch im Emsland. In der Raddeniederung bei Vrees zum Beispiel kümmern sich Landwirte und Naturschützer um eines der größten Vorkommen Deutschlands. Dennoch: Die Beziehung zwischen Mensch und Natur hat in der Agrarlandschaft gelitten, denn die Landwirte haben seit den 1950er Jahren modernisiert, um im europäischen Wettbewerb bestehen zu können. Strukturwandel auf den Höfen und Flurbereinigung in der Feldflur gingen Hand in Hand, haben vieles von jener artenreichen Kulturlandschaft wieder zerstört, die die Landwirte in den Jahrhunderten zuvor durch eine weniger intensive Wirtschaftsweise hatten entstehen lassen.

Im Ergebnis bedeutet dies: Die Landwirtschaft ist heute einer der wichtigsten Wirtschaftszweige der Region, vielerorts sogar einer der bedeutendsten Faktoren für den neuen Wohlstand. Gleichzeitig sind aber auch Hecken verschwunden, Teiche zugeschoben und Wiesen in Äcker umgewandelt worden. Gerade die Ackerflächen bieten kaum noch Tieren und wilden Pflanzen Lebensraum, weshalb viele Bewohner der einstigen Feld- und Wiesenflur bundesweit auf den Roten Listen stehen. Sogar das einst weit verbreitete Rebhuhn hat es heute schwer, und das, obwohl es hier einst sogar eine eigene Unterart gegeben haben soll – das Heiderebhuhn.

Dennoch lohnt es sich, die Augen offen zu halten, wenn man durch die Agrarlandschaft des Emslandes wandert oder radelt. Denn wer genau hinsieht, findet sie, die akrobatisch sturzfliegenden Kiebitze, Haken schlagenden Hasen oder Kräuter naschenden Rehe am Wegesrand. Vergebens sucht man noch den Weißstorch – zumindest als Brutvogel ist er in den 1980er Jahren ausgestorben. Vielerorts ist allerdings das Verständnis für die Schutzwürdigkeit dieses Sympathieträgers und damit des Lebensraumes Feuchtwiese inzwischen wieder so groß, dass man ihm Nistplätze anbietet und Wiesen schützt. Erste Erfolge scheinen sich einzustellen: Meister

Besenginster (Cytisus scoparius), auch Bram genannt, spielte bis vor etwa 80 Jahren im Emsland eine wichtige Rolle: Weil er selbst auf reinem Sandboden gedeiht, wurde er auf schlechten Standorten gezielt zur Bodenbefestigung angepflanzt und im Winter zum Füttern der Schafe verwendet.

Adebar stolziert wieder in fast jedem Sommer als Bewohner auf Zeit durch das Emsland.

Und es gibt weitere Gäste, die die Agrarlandschaft vor allem im Winter nutzen: Sing- und Zwergschwäne aus Sibirien und Nordskandinavien verbringen regelmäßig zu Tausenden die kalte Jahreszeit im Emsland und bereichern vor allem die Maisstoppel- und Kartoffeläcker mit ihren Begrüßungs- und Triumphrufen. Hier finden sie ausreichend Winterfutter. Das Emstal, aber auch die wiedervernässten Moore und viele Baggerseen im westlichen Landkreis sind einer der wichtigsten europäischen Überwinterungsorte dieser nordischen Vögel. Auch Grau-, Bläss-, und Saatgänse bieten vor allem im nördlichen Emstal Winter für Winter ein faszinierendes Schauspiel.

Im Sommer trifft man – gut geschützt von ehrenamtlich tätigen Naturfreunden – in manch einem Getreideschlag wieder auf Wiesenweihen, die ihre Jungen großziehen. Hier ist auch bisweilen der Wachtelschlag zu vernehmen – also das prägnante „pick-werwick" dieses kleinsten einheimischen Hühnervogels.

Sandtrockenrasen bei Haren. Entlang der Flüsse Ems und Hase blieben einige der ökologisch wertvollen Magerstandorte erhalten. Sie beherbergen seltene Pflanzen wie den Ährigen Ehrenpreis (Pseudolysimachion spicatum).

Der Wiesenfuchsschwanz (Alopecurus pratensis) bietet in voller Blüte ein hübsches Bild. Er ist ein wichtiges Futtergras für die Landwirtschaft.

Klatschmohn (Papaverrhoeas) wächst gern am Rand von Getreidefeldern.

Roggen (Secale cereale), hier in der Blüte, war bis vor 100 bis 150 Jahren das im Emsland vorherrschende Getreide. Er ist besser an Sandböden angepasst als zum Beispiel Weizen. In der modernen Landwirtschaft hat er seine Bedeutung eingebüßt.

Vor allem auf Naturschutzflächen kommen die Gräser auf den Wiesen zur Blüte. Auf intensiv genutzten Flächen wird viel früher gemäht.

Kornblumen (Centaurea cyanus) und Klatschmohn begleiten den Menschen seit der Jungsteinzeit. Erstere ist von unseren Vorfahren vermutlich versehentlich aus dem Mittelmeerraum mitgebracht worden, die Herkunft des Klatschmohns ist nicht eindeutig geklärt. Sicher ist: Beide Arten lieben die trocken-warmen Bedingungen von Getreideäckern und haben sich mit Hilfe des Menschen weit verbreitet.

Der Fasan (Phasianus colchicus, links das Weibchen) stammt ursprünglich aus Asien, wurde aber schon von den Römern zu Jagdzwecken nach Europa gebracht. Auch in Deutschland ist er bis heute ein beliebtes Jagdwild.

Der Kiebitz (links: Vanellus vanellus) war auf feuchten Wiesen und Weiden noch Mitte des 20. Jahrhunderts so weit verbreitet, dass man seine Eier sammelte. Heute ist er selten geworden und steht auf der Roten Liste.

Der Rotschenkel (Mitte, Tringa totanus) lebt hauptsächlich auf den Salzwiesen der Wattenmeerküste. Allerdings ist er seit Jahrhunderten auch ein Vogel der emsländischen Wiesen – inzwischen mit stark abnehmenden Beständen.

Die Uferschnepfe bewohnte ursprünglich Moore, ist aber mit deren Zerstörung zunehmend auf Feuchtwiesen ausgewichen.

Zwei Mümmelmänner, die im Emsland ein gutes Auskommen finden: Ein Kaninchen (Oryctolagus cuniculus) an Geruchloser Kamille (Tripleurospermum inodorum), und ein junger Feldhase (Lepus europaeus).

Rehe (Capreolus capreolus) gehören zu den häufigsten größeren Säugetieren. Als typische Waldrandbewohner haben sie von der Zerstückelung ihres Lebensraumes profitiert – es gibt mehr Waldränder und Hecken als früher.

Der Große Brachvogel (Numenius arquata) läutet mit seinem Getriller den Frühling ein. Im Emsland gibt es Schutzprogramme für den beeindruckenden Krummschnabel.

Von Tau bedeckte Pflanzen: links und rechts Ackerschachtelhalm (Equisetum arvense), in der Mitte Lupinenblätter. Der Schachtelhalm wird als Heilpflanze oder zum Putzen von Zinn verwendet. Die Lupine (Lupinus polyphyllus) stammt aus Nordamerika. Seit 1829 hat sie sich in Deutschland ausgebreitet – oft mit Zutun des Menschen, der sie zur Bodenverbesserung einsetzt.

Der Wechsel von Wiesen, Weiden und Einzelbäumen macht eine ökologisch wertvolle Kulturlandschaft aus.

Der Singschwan (Cygnus cygnus, im Bild rechts mit grau gefärbten Jungtieren) zieht im Winter regelmäßig ins Emsland. Die meisten der bis zu 750 hier anzutreffenden Tiere kommen aus Finnland. Für den kleineren Zwergschwan (Cygnus bewickii) ist das Emsland sogar das wichtigste Überwinterungsgebiet in Deutschland. Bis zu 2.800 Individuen machen im Emstal, in wiedervernässten Mooren und auf neu angelegten Baggerseen Rast.

Anhang

Allgemeine Tipps

Wie findet man die schönsten Ecken?
Eine Auswahl an Adressen und Internetlinks ohne Anspruch auf Vollständigkeit.

Emsland-Touristik

Allgemeine Reisetipps, Informationen, Touren und Reisepakete bietet die Emsland-Touristik unter Telefon 0 59 31 / 44 22 66 und www.emsland.com.

Neue Touren zu den Hudewäldern des Emslandes

Die Leser dieses Buches können unter www.tecklenborg-verlag.de die gpx-Daten für drei eigens erstellte Routen durch das Emsland herunterladen. Sie lassen sich auf handelsübliche Navigationsgeräte übertragen. Die 160 Kilometer lange Autoroute ist auf der nebenstehenden Karte zu sehen und kann an einem beliebigen Ort beginnen. Sie führt unter anderem zum Borkener Paradies, den Kuhweiden in Meppen und Haselünne, zu den Mansenbergen auf den Hümmling und in die Wacholderhaine in Börger und Wachendorf. Die beiden Radtouren nehmen diese Ziele ebenfalls auf, sind aber deutlich kürzer.

Dank für die Routenplanung an:
natürlich radfahren
Diplom-Landschaftsökologe Norbert Feislachen
Steltenberger Straße 16a
49716 Meppen
E-Mail: info@natuerlich-radfahren.de

Tipps zum Thema Moor

Emsland Moormuseum
www.moormuseum.de
Das Emsland Moormuseum ist in der Zeit vom 1. März bis zum 30. November geöffnet. Täglich außer montags. Empfehlenswertes Museum rund um das Thema Moor. Zu sehen ist alles Wissenswerte über Natur und Nutzung, darunter früher genutzte Maschinen ebenso wie Karten oder Fotos. Eine Außenstation im Dalum / Wietmarscher Moor bietet Einblicke in ein zum Teil renaturiertes Hochmoor. Auf dem Museumsgelände selbst leben verschiedene alte Nutztierrassen der Region, darunter das Bentheimer Landschaf.

Naturpark Moor

www.naturpark-moor.eu
Über die Geschäftsstelle sind verschiedene Angebote im 14.000 Hektar großen, grenzüberschreitenden Naturpark buchbar. Unter anderem wurde im Bereich zwischen dem Emsland-Moormuseum und dem Erdöl- / Erdgasmuseum

Twist durch das Klein Heseper Moor der interaktive Moor-Energie-Erlebnispfad angelegt. Auf einer sieben Kilometer langen Strecke werden die Naturparkthemen aufgriffen. Der Moor-Energie-Erlebnispfad kann zu Fuß oder per Rad erkundet werden.

Bargerveen/NL

www.bargerveen.info
Einen Abstecher sollte jeder Moorfreund ins Bargerveen in den benachbarten Niederlanden machen. Im Zentrum des 2.000 Hektar großen Naturschutzgebietes liegt das größte natürlich erhaltene Teilstück des Bourtanger Moores.
17 Kilometer Wanderwege durchziehen das Gebiet, in dem es Dutzende seltenster Tier- und Pflanzenarten gibt.
Das Bargerveen gehört zum Naturpark Moor.

Aschendorfer Moorpfad

Parkplatz an der Birkenallee in Aschendorf. 1,8 Kilometer langer Rundweg mit sieben Tafeln und Aussichtsplattform.

Moorerlebnispfad Esterwegen

Der Moorerlebenispfad führt in die 5.000 Hektar große Esterweger Dose – eines der größten Moorschutzgebiete der Region. Hier ist von einer Aussichtsplattform zu beobachten, wie Moor großflächig wiedervernässt wird. Wer möchte, kann hier eine 100 Kilometer lange Moorerlebnisroute starten, die auch ins benachbarte Ostfriesland führt. Informationen über den Startpunkt und die Route im Info-Zentrum der Gemeinde Esterwegen, Telefon 0 59 55/90 23 78 und unter www.moorerlebnisroute.de.

Der stattliche Königsfarn (Osmunda regalis) kann bis zu 200 Zentimeter hoch werden. Er liebt es torfig, humos, sauer oder sandig und kommt noch an einigen Orten im Emsland vor. Er ist eine Reliktpflanze aus dem Karbon und existiert seit 345 Millionen Jahren nahezu unverändert.

Moorlehrpfad Speller Dose

Ein 100 Meter langer Holzsteg führt zu einem sechs Meter hohen Aussichtsturm in das Naturschutzgebiet Speller Dose. Informationen unter www.spelle.de und 0 59 77/93 70.

Wasser erleben

Angebote für Wasserwanderer auf Ems und Hase gibt es bei der Emsland-Touristik und dem Zweckverband Erholungsgebiet Hasetal. Er ist erreichbar unter 0 54 32/59 95 99 und www.hasetal.de.

Biotop am Speicherbecken

Informationen unter www.geeste.de. Das Speicherbecken dient als Rückhaltebecken für Kühlwasser, das im 15 Kilometer entfernten Atomkraftwerk Lingen benötigt wird.
Am Rande des Speicherbeckens wurde der Natur viel Platz eingeräumt – hier leben inzwischen viele seltene Vogelarten. Es gibt einen Aussichtsturm.

Die Ems

Wer die Ems erleben will, kann am besten die Radwege an ihrem Ufer oder ein Angebot zum Wasserwandern per Kanu und Floß nutzen. In der Nähe von Emsbüren gibt es einen Lehrpfad, der im Rahmen des Life-Natur-Projektes entstanden ist. Informationen unter
www.emsland.de/life/index.html.

Die Hase

Informationen zur Haserenaturierung
unter www.haseniederung.de.
Der Verein zur Revitalisierung der Haseaue hat einen Biberlehrpfad bei Haselünne-Eltern eingerichtet
www.haseauenverein.de

Hünenweg

Auf dem 2008 eingerichteten Hünenweg lässt sich die Natur des Emslandes besonders intensiv erleben. Der Wanderweg führt von Osnabrück bis Papenburg und macht einen Abstecher ins niederländische Emmen. Hauptattraktion sind die Hünen- und Hügelgräber der Region. www.huenenweg.de

Einige Links zu Naturschutzvereinen

Naturschutzbund Nabu
www.nabu-emsland.de

Naturschutzprojekt Land Unter e.V.:
www.bentheimer-landschaf.de
Biologische Schutzgemeinschaft Hunte-Weser-Ems:
www.bsh-natur.de

Die Naturschutzgebiete im Emsland

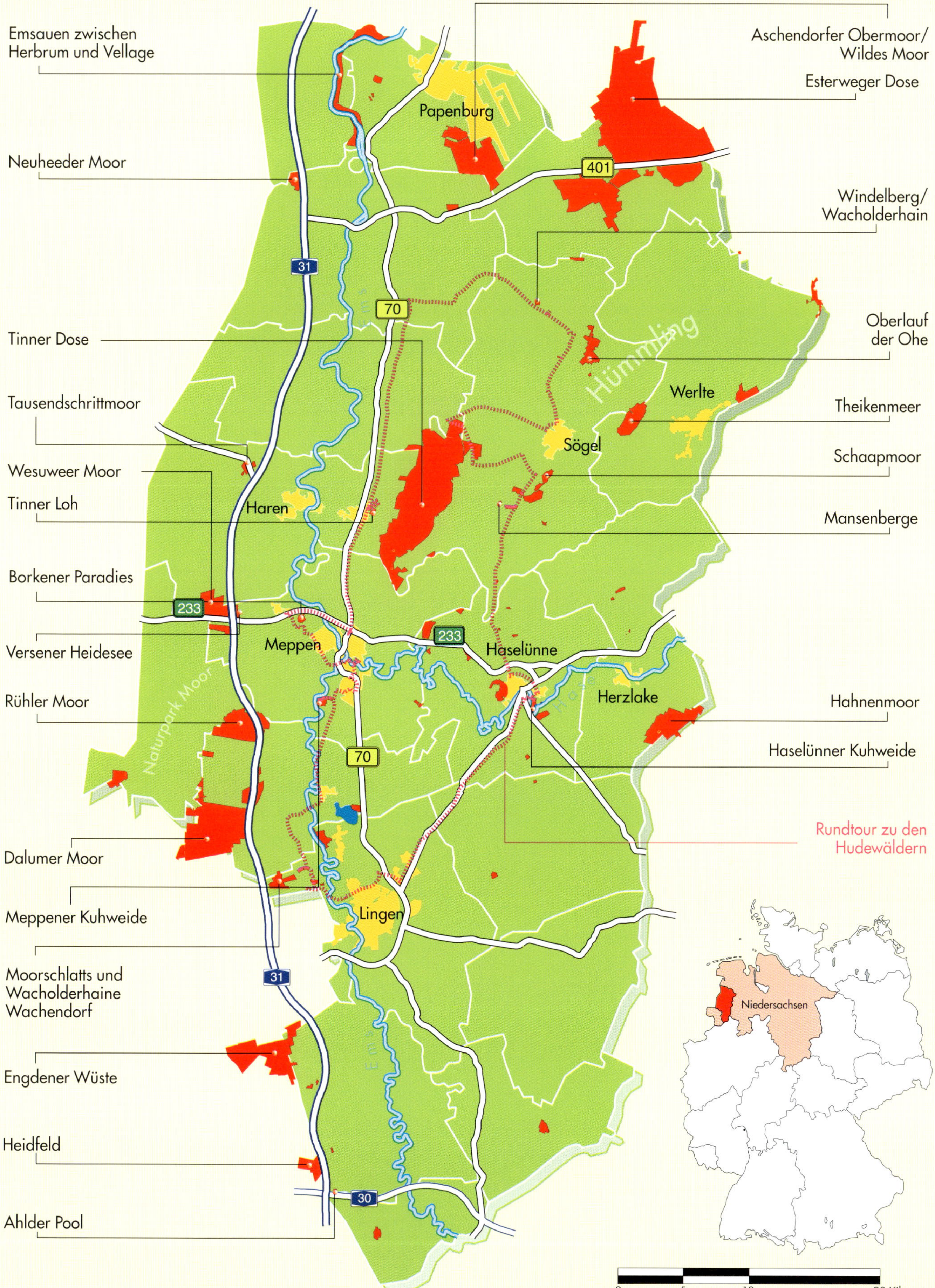

Bildnachweis

Bild auf Seite 93 oben rechts von Willi Rolfes

Seite 55 oben rechts,
Seite 67 unten rechts und
Seite 112 und 113 von Tobias Böckermann

Alle anderen Bilder von Erhard Nerger

Impresum

Umwelthinweis:
Der Inhalt dieses Buches wurde auf Papier mit chlorfrei gebleichtem Zellstoff gedruckt.
Das Einbandmaterial ist recyclebar.

Die Deutsche Bibliothek – CIP Einheitsaufnahme

Natur im Emsland
Moore · Wasser · Wälder
Erhard Nerger, Tobias Böckermann
Steinfurt; Tecklenborg Verlag, 2009
ISBN: 978-3-939172-47-5
1. Auflage 2009

Siemensstraße 4, D-48565 Steinfurt

Gesamtherstellung: Druckhaus Tecklenborg, Steinfurt

ISBN: 978-3-939172-47-5